W0385003

L'éducation

Le rappel est certes essentiel, mais ce n'est pas l'unique composante d'une éducation réussie.

Au quoditien

Même chez les chiens, les règles de politesse existent. Mais cela n'exclut pas quelques dérapages...

Mon chien écoute !

Quel maître peut dire cela de son chien ? Bien souvent, même un chien bien éduqué vient uniquement s'il en a envie ! La plupart des chiens peuvent être facilement distraits par de nombreuses odeurs alléchantes et les jeux de leurs congénères, si bien qu'il n'est pas rare qu'ils ignorent l'appel de leur maître(sse). Cependant, le fait que le chien vous écoute uniquement lorsqu'il n'est pas distrait n'est pas une fatalité. Si vous lui inculquez de bonnes bases éducatives, il apprendra à revenir vers vous de bon cœur, à se coucher volontiers près de vous ou à vous confier son « butin ». Vous apprécierez alors pleinement la compagnie de votre animal et partagerez beaucoup de bons moments avec lui. En effet, la présence d'un chien bien éduqué s'avère extrêmement plaisante. Pour débuter son éducation, vous commencerez par intégrer de petits exercices dans son quotidien. Tout ce que vous mettrez en œuvre vous fera progresser. Lorsque votre chien aura acquis les bases de son éducation, vous pourrez véritablement dire : « Mon chien écoute ce que je lui dis ! ». Vous constaterez alors que l'éducation est synonyme de nombreux moments agréables, tant pour vous que pour votre compagnon.

Mon chien écoute!

Les bases

Les principes d'éducation

En matière d'éducation, il convient d'appliquer le principe suivant : l'envie du chien de faire quelque chose avec son maître doit être impérativement cultivée et encouragée.

Un maître fiable

Il est essentiel qu'un chien ait confiance dans son maître afin de se comporter de manière détendue et amicale. Des éclats de mauvaise humeur, des mesures punitives et la modification constante des méthodes d'éducation désorientent l'animal : ce dernier commencera souvent par prendre ses distances et à détourner le regard, ce qui, en langage canin, est un signe d'apaisement. Cependant, l'homme l'interprète souvent comme une marque d'entêtement et finit par perdre patience. Le chien remarque que son maître est de mauvaise humeur et intensifie de plus belle ses tentatives d'apaisement. L'animal prend encore plus ses distances et peut éventuellement sautiller de manière enjouée pour détendre la situation. Mais son maître y voit encore un signe d'insoumission et s'énerve. Le chien est stressé et la situation s'aggrave car le stress perturbe la réflexion. Après tout, pour nous aussi, l'apprentissage de nouvelles notions est difficile si un professeur impatient se tient près de nous ou si quelqu'un nous réprimande. Chez le chien, ce phénomène lié au stress fonctionne de la même manière que chez l'homme.

Des exigences progressives

Si vous relevez trop rapidement le niveau d'exigence de l'éducation de votre compagnon, vous risquez de trop solliciter l'animal. Cela peut être une source de frustration, car il ne comprend pas ce que vous lui demandez. Il peut même décider d'abandonner la partie et vous aurez peut-être l'impression qu'il ne veut plus rien faire. Vous devez donc faire en sorte de simplifier les étapes de son éducation afin qu'il obtienne fréquemment de bons résultats.

Le bon départ

1. Favorisez les situations permettant, selon toute probabilité, le bon déroulement de l'exercice et récompensez le chien à chaque fois.
2. Répétez l'exercice à l'occasion de nombreux petits modules distincts jusqu'à ce que l'animal l'exécute correctement et de manière fiable.
3. Pour généraliser les acquis, exercez-vous dans différents lieux, exempts de tout élément pouvant détourner l'attention de l'animal.
4. Augmentez les distractions tant que le chien reste motivé et concentré.
5. Remplacez de plus en plus souvent les récompenses par des félicitations.

Ainsi, il apprendra volontiers de nouveaux ordres et reproduira toujours mieux ce qu'il a appris.

▸ Avec son chien, l'homme doit appréhender son propre langage avec un tout autre angle : il ne s'agit pas uniquement d'expliquer au chien ce qu'il doit faire pour qu'il le fasse. Au contraire, il faut, sans relâche, associer un signal précis à un comportement défini et reproduire cette association dans les situations les plus variées, tout en allant à l'encontre des envies de l'animal, comme jouer avec un autre chien.

Un chien totalement concentré sur sa tâche.

Organisez-vous

Adoptez une approche systématique pour éduquer votre chien. Réfléchissez tout d'abord à ce que vous souhaitez lui apprendre et au degré de maîtrise recherché. Il ne sert à rien de lui apprendre ce qui est inutile, même si, naturellement, l'apprentissage est une activité très gratifiante pour l'animal et facilite l'interaction avec son maître. Vous devez ensuite songer aux récompenses que vous lui donnerez. Quelles sont les friandises de premier choix ? Quelles sont celles qu'il accepte volontiers ? Enfin, vous devez également choisir un lieu où vous serez le plus possible au calme pour lui apprendre de nouveaux signaux et le préserver des distractions.

▸ Avant d'inviter votre compagnon à réaliser des exercices, attendez le bon moment ; le chien doit être éveillé et réceptif. Si l'animal est rassasié et endormi, il sera probablement plus difficile de le motiver. Vous-même devez être d'humeur la plus égale possible pour surmonter, avec patience, les échecs éventuels. Si vous et votre chien prenez du plaisir dans cette éducation, vous obtiendrez de très bons résultats.

À SAVOIR

Les punitions sont proscrites !

Un chien s'enthousiasme facilement. L'éduquer en utilisant des punitions peut soit le rendre « gentil », car il n'osera plus être lui-même, soit entraîner des problèmes de comportement en refoulant ses besoins et en le stressant.
Une bonne éducation suppose que le chien réalise lui-même l'action désirée, de manière fiable.

ICI

▸ Lorsque le chien répond bien à votre rappel, sa qualité de vie s'en trouve améliorée car il peut se déplacer librement sans laisse lorsque les conditions le permettent. C'est l'un des premiers ordres auxquels chaque chien doit obéir.

▸ Objectif : lorsqu'il entend « Ici ! », le chien revient immédiatement vers son maître. L'animal doit s'exercer à répondre à cet ordre avec fiabilité, même en présence d'éléments potentiellement perturbateurs, comme d'autres chiens.

Marcher au pied avec la laisse

▸ Un guidage souple avec la laisse épargne les articulations et les nerfs du chien et de son maître. Les accessoires entraînant une gêne ou des douleurs sont à proscrire. Il est préférable de choisir un collier, une laisse avec licol ou un harnais évitant toute sensation d'inconfort.

▸ Objectif : le chien marche au pied sans tirer sur la laisse. Lorsque cette dernière se tend, le chien arrête de tirer de lui-même. Tenue par le maître et fixée au collier, la laisse suffit à donner l'ordre. Aucune autre parole n'est nécessaire.

AU PIED

▸ Cela signifie généralement que le chien se déplace à gauche de son maître. L'autre côté est néanmoins préférable pour se déplacer en ville. Cet ordre est pratique, notamment pour passer devant les piétons.

▸ Objectif : lorsqu'il entend « Au pied ! », le chien vient se placer à côté de son maître. Le bras légèrement replié peut servir de signal visuel. Veillez à utiliser un seul côté pendant l'exercice. L'autre côté pourra faire l'objet d'un exercice séparé avec un autre signal.

ASSIS

▸ Lorsque le chien est fortement distrait, il est préférable de lui demander de s'arrêter plutôt que de l'appeler. Cet ordre se révèle donc parfaitement approprié dans ce genre de situation. De même, un arrêt bref, par exemple à l'approche d'un cycliste ou pour discuter avec des passants s'avère très utile.

▸ Objectif : lorsqu'il entend « Assis ! », le chien s'assoit là où il se trouve. Un index relevé est un très bon signal visuel, à condition de ne pas l'utiliser pour un autre ordre.

COUCHÉ

▶ Si l'attente se prolonge ou si vous êtes au restaurant, il peut être plus judicieux d'avoir recours à cet ordre. Ce sont surtout les gros chiens qui ont tendance à se coucher moins facilement. En outre, il est plus facile d'en stopper d'autres en disant « Couché » que « Assis ».

▶ Objectif : lorsque son maître lui en donne l'ordre, le chien se couche à l'endroit où il se trouve. La main paume vers le bas est un bon signal visuel.

DEBOUT

▶ Cet ordre s'utilise dans les mêmes conditions que « Assis ». Néanmoins, pour l'animal, la tentation de continuer à avancer est plus forte. Mais lorsque le temps est mauvais ou si le chien souffre de problèmes articulaires, cet ordre facilite grandement la vie.

▶ Objectif : au son de l'ordre, le chien reste sur place ou se lève. La main à l'horizontale, mais la paume vers l'avant, est un signal visuel approprié.

DONNE

▶ Pouvoir reprendre un objet à son chien est essentiel. En effet, l'animal peut attraper une chose interdite dans sa gueule ou s'emparer d'un objet que vous souhaitez récupérer. Cet ordre est également indispensable pour jouer ensemble avec un accessoire.

▶ Objectif : le chien laisse tomber ce qu'il tient dans sa gueule lorsqu'il entend l'ordre. Peu importe que vous le teniez aussi ou que le chien le tienne seul. Pour l'animal, cet ordre doit signifier : « Laisse tomber de ta gueule ce que tu tiens ».

NON

▶ Un signal dissuadant l'animal de faire quelque chose, par exemple manger une substance comestible, est là encore judicieux. Toutefois, utilisez-le avec parcimonie afin de conserver son efficacité et, d'autre part, pour ne pas créer une trop grande frustration.

▶ Objectif : dès qu'il entend l'ordre, le chien stoppe son action. Choisissez un mot peu utilisé au quotidien en guise de signal. Un bruit peut également faire l'affaire.

Le maître, c'est vous !

L'homme a une grande influence sur le chien. Certaines personnes dégagent naturellement une certaine assurance et, souvent, elles ne se posent même pas la question de savoir si leur chien va leur obéir : elles savent tout simplement que leur compagnon les suivra. L'animal ressent cette assurance et cette confiance.

Une relation harmonieuse entre l'homme et le chien.

Aussi son éducation sera-t-elle facilitée s'il côtoie une personne qui n'hésite pas.

Trop ou trop peu

En matière d'éducation, on trouve deux extrêmes : certaines personnes s'occupent peu de leur chien, d'autres trop. Le premier cas de figure n'est pas une bonne chose, mais le second peut être une source de stress pour l'animal, notamment s'il est constamment observé ou constitue le centre d'intérêt de son maître qui veille à satisfaire ses besoins. Comme c'est souvent le cas, il convient de trouver un juste milieu.

▸ **Chez vous, observez votre chien** afin de savoir ce qu'il pense de vous. L'animal vient vers vous tranquillement, détendu, de manière presque obséquieuse ? On ne peut rêver mieux ; ne changez rien.

▸ **Il est fréquent qu'un chien se comporte en « monarque »**, attendant que vous répondiez à ses désirs. Le maître vit avec son chien car il éprouve du plaisir en sa compagnie et aime s'en occuper. Mais, pour l'animal, cela peut avoir des conséquences fâcheuses. En effet, il obtient automatiquement tout ce qui est important pour lui : caresses, jeu, friandises, promenades... Mais ce n'est pas tout ! En effet, il n'est pas rare que l'homme s'enthousiasme pour un chien capable de faire comprendre ce qu'il souhaite. Cependant, s'il peut dire à son maître ce qu'il souhaite, à quel moment et dans quelles conditions, pourquoi devrait-il soudainement se préoccuper des aspirations de son propriétaire ?

Un échange de rôles

N'hésitez pas à renvoyer la balle : envoyez « promener » votre chien lorsqu'il vous demande quelque chose. Faites comme si vous ne le voyiez pas, ne lui parlez pas, ne le touchez pas et ne pensez même pas à lui. Bref, ignorez-le. À cet instant, vous n'avez pas de chien. Par la suite, appelez-le lorsqu'il s'ennuie et passez un bon moment avec lui. Les moments pendant lesquels votre chien est calme

Les embrassades mettent le chien mal à l'aise.

sont particulièrement propices. Récompensez-le pour sa gentillesse en lui accordant votre attention.

▸ **Si votre chien ne s'occupe pas souvent de vous** ou vous laisse souvent en plan, c'est le signe qu'il faut réagir. Dès lors, vous devez décider vous-même à quel moment vous passerez un bon moment avec lui. En cas de doute, ignorez-le pendant une période plus longue ou même jusqu'au lendemain. Lors de la rencontre suivante, terminez la prise de contact de manière amicale avant que votre chien ne le fasse. En règle générale, il ne s'agit pas de faire moins de choses avec lui ou de l'ignorer en permanence. Vous devez uniquement définir les règles et ne pas laisser le chien le faire.

À SAVOIR

Ayez confiance

Avec le temps, votre chien vous demandera plus « poliment » que vous vous occupiez de lui, chose que vous pouvez naturellement faire. Néanmoins, veillez à ne pas reprendre de vieilles habitudes et à vous occuper de lui en permanence. De temps en temps, ne lui accordez pas d'attention. En règle générale, essayez d'agir et de vous comporter avec assurance et calme. Les chiens préfèrent une personne qui montre calmement ce qu'elle veut.

Bien récompenser son chien

Il est d'usage de récompenser un chien lorsqu'il vient vers vous. Néanmoins, il convient de s'interroger sur le vrai sens du mot « récompense ». Ce n'est pas parce que l'on souhaite féliciter et récompenser l'animal que cela signifie forcément que le chien se sent également récompensé. N'essayez jamais de féliciter l'animal « de force » car il ne s'agirait plus d'une récompense. Cette dernière perdrait de son intérêt et n'inspirerait au chien que de l'aversion.

Ce qui fait le bonheur du chien

En règle générale, une récompense représente pour le chien ce qu'il aimerait avoir ou faire. Si votre animal souhaite des caresses, ces dernières sont une récompense. S'il est d'humeur joueuse, il sera plutôt agacé si vous lui proposez un câlin. À l'extérieur, la plupart des chiens sont plutôt actifs et ne recherchent pas particulièrement les caresses.
▸ Découvrez ce qui plaît à votre chien et agissez de manière ciblée. Votre compagnon est un peu foufou et semble avoir envie de se dépenser ? Jouer avec lui serait une récompense appropriée. Attend-il impatiemment que vous lui retiriez sa laisse ? Faites-lui faire un exercice qu'il maîtrise bien (à cet instant, il ne peut pas se concentrer sur une action complexe). Pour le récompenser, libérez-le avec un signal (« Cours », par exemple), accompagné d'un geste d'encouragement lui indiquant qu'il a retrouvé cette liberté ardemment désirée. Une fois que vous avez donné le signal, ne vous occupez plus du chien. Avec le temps, il remarquera que ce signal marque la fin de l'exercice et, par conséquent, une pause.
▸ À un stade avancé de l'éducation, la réalisation d'un exercice qu'il affectionne tout particulièrement peut également faire office de récompense. Veillez néanmoins à ce qu'il s'agisse réellement d'un exercice que le chien apprécie beaucoup. Si vous lui demandez toujours de s'asseoir après vous avoir rejoint, il va trouver cela ennuyeux et « lanterner ». Vous obtiendrez de meilleurs résultats en proposant des récompenses adaptées et variées. Votre animal s'assiera alors volontiers lorsque vous lui en donnerez l'ordre.

Les félicitations suffisent-elles ?

Le chien peut-il finalement se contenter d'être félicité ? Pour répondre à cette

Comment utiliser les récompenses ?

Au début de l'éducation, vous pouvez parfaitement attirer l'attention du chien avec une récompense bien en vue.

Par la suite, le chien doit d'abord remarquer la récompense et obtenir cette dernière uniquement après avoir réagi de manière appropriée.

Votre animal ne peut faire le rapprochement avec l'action souhaitée que si vous le récompensez environ une seconde après.

Un chien heureux se sent apprécié et justement récompensé.

question, clarifions quelques points. Les chiens ne comprennent pas notre langage ; ils doivent faire des efforts pour établir une relation entre des sons et leur signification. Chez les chiens éduqués selon le principe fondé sur la récompense et la punition, des félicitations signifient qu'il n'y aura pas de punition. Pour l'animal, c'est naturellement un soulagement : en effet, préoccupé par l'éventualité d'une sanction, il finit par comprendre qu'il ne va pas être puni. En outre, des paroles amicales montrent que vous lui accordez votre attention et peuvent avoir un effet plus marqué. Ni plus ni moins, tel est le principe à suivre. Vos félicitations auront davantage d'impact si vous les communiquez lorsque votre chien est en mesure de les apprécier. Vous renforcerez votre relation avec l'animal si vous le félicitez juste avant que le chien manifeste son enthousiasme. Cette récompense sera alors associée à une émotion positive.

À SAVOIR

Un enthousiasme débordant

Lorsque vous félicitez votre chien avec entrain, il est tout joyeux grâce à ce que l'on pourrait appeler un « transfert d'humeur ». Tout le monde est heureux en même temps ! Cependant, veillez à ce que l'animal ne devienne pas trop fougueux ou trop brusque ! Il est préférable d'éviter les jeux basés sur la lutte. En cas de doute, testez votre chien : vérifiez qu'il reste réceptif et qu'il réagit à vos signaux.

La nourriture

Afin que les exercices récompensant l'animal avec de la nourriture ne soient préjudiciables ni à son poids, ni à sa santé, vous devez tout d'abord envisager les aliments classiques pour chiens. Pour ce faire, il convient de doser sa ration quotidienne chaque matin.

Au fil de la journée, il mange ce qu'il « gagne » en accomplissant les exercices. Son dîner se composera alors du reste éventuel de nourriture. Si vous utilisez un type d'aliment en guise de friandise et un autre type pour compléter son alimentation, le chien sera moins rapidement lassé. Pour renforcer l'intérêt de l'animal, vous pouvez par exemple vous munir de petits morceaux de fromage que vous incorporerez à sa nourriture, afin de donner l'impression, par l'odeur, qu'il s'agit d'une friandise de premier choix. Vous pourrez ensuite donner ces morceaux lorsque votre chien aura réalisé des exercices particuliers. Vous pouvez également prendre des friandises supplémentaires. Ainsi, l'animal ne saura jamais quelle sera sa récompense.

Pour les récompenses, c'est vous qui fixez les règles !

Du « fait maison »

Si vous préparez vous-même les repas de votre compagnon, vous pouvez les réduire en purée et en remplir un tube réutilisable que vous emporterez pendant vos promenades. À chaque fois que vous récompenserez votre chien, ce dernier pourra manger une petite portion de cette préparation.

▸ **Vous pouvez préparer vous-même des friandises** coupées en cubes ou en fines lamelles. Plusieurs options s'offrent à vous : de la viande cuite, des pâtes *al dente*, des carottes ou du pain dur. En revanche, faites preuve de la plus grande prudence avec le poisson. Cet aliment peut rapidement perdre sa fraîcheur, notamment en été. En cas de forte chaleur, les aliments secs peuvent provoquer plus facilement des mycoses.

▸ **Vous pouvez attribuer une valeur différente à chaque friandise** : des friandises normales pour des exercices normaux et d'autres « de premier choix » pour des actions particulières. Pour des exercices vraiment spécifiques, prévoyez une friandise « jackpot », qui pourra prendre la forme d'une petite portion. Vous pouvez également autoriser exceptionnellement votre animal à fourrer son museau dans le sachet de friandises et le laisser se servir. Autre option : lui donner sa friandise préférée. Vous pourrez lui proposer cette récompense « haut de gamme » lorsqu'il réalise l'exercice souhaité en dépit d'éléments perturbateurs susceptibles de le déconcentrer, lorsqu'il franchit une nouvelle étape ou réagit très rapidement. Vous devez toujours tenir compte du degré de distraction. Votre chien peut parfaitement s'asseoir sur votre ordre lorsque vous êtes chez vous, et ce même sans récompense, mais, à l'extérieur, une friandise alléchante sera peut-être nécessaire afin que le chien reste concentré.

Un chien s'appliquera volontiers pour une friandise.

À SAVOIR

De la diversité

Pour récompenser votre chien, misez sur la variété afin de ne pas trop l'habituer à une friandise au point qu'elle l'intéresse moins ou qu'il ne veuille plus la manger. Si vous faites une pause peu de temps après le début de l'exercice, vous pouvez réutiliser la même friandise sans lasser l'animal.

Le jouet

Un jouet que le chien apprécie peut être une récompense parfaitement adaptée. Il permet de rendre l'éducation plus intéressante et incite le chien à réaliser des exercices spécifiques.

Son jouet favori

Le jouet doit naturellement plaire au chien. Vous devrez néanmoins vous assurer que l'animal peut s'en servir correctement. Par conséquent, un jouet doté d'une ficelle est particulièrement approprié. En effet, il ne faut pas perdre de vue que votre chien ne doit pas détaler avec son jouet pour s'amuser tout seul, mais que c'est vous qui dirigez le jeu.

▸ **Pour que votre chien apprécie ce jeu en commun**, vous devez prendre une part active au processus. Alors que le chien se tient légèrement à distance, faites sauter le jouet au-dessus du sol et changez brusquement de trajectoire avant de laisser l'animal s'en emparer. Vous pouvez également vous « disputer » le jouet en tirant dessus, mais sans excès.

▸ **Afin que le jouet garde tout son attrait**, terminez le jeu de manière agréable en appliquant systématiquement le principe suivant : arrêter au moment où le jeu atteint son apogée. Si vous jouez jusqu'à ce que le chien n'ait plus envie, le jeu perdra une grande partie de son intérêt. En revanche, si votre compagnon ne sait pas précisément à quel moment le jeu arrive à son terme, son attention ne fera que s'accroître. La récompense ne créera son effet que lorsque vous déciderez du moment où l'animal obtient le jouet. Si le chien vous le réclame constamment, l'effet sera moindre.

Le maître du jeu

Chaque jeu a ses règles. Vous devez donc rester maître de la situation. Si le chien ne donne pas le jouet, vous devez d'abord lui apprendre à restituer les objets. Lorsque votre animal a tendance à s'en aller avec

Vous pouvez utiliser un jouet en guise de récompense, mais uniquement si le chien le donne sans problème.

le jouet, ne détachez pas la ficelle. Demandez-lui de vous rendre l'objet et, pour le récompenser, reprenez immédiatement la séance de jeu, naturellement s'il en a toujours envie. Lorsque vous aurez progressé dans son éducation, faites-lui faire de petits exercices de temps en temps. Là encore, donnez le signal de la reprise du jeu pour le récompenser.
En règle générale, assurez-vous que votre chien a du plaisir à jouer, sans trop s'agiter. Observez l'animal et soyez vigilant : s'il ne réagit quasiment plus et reste focalisé sur son jouet,

Gardez toujours le contrôle du jeu.

cela signifie qu'il est énervé. De même, l'intensité avec laquelle il attrape ou tire sur le jouet fournit de précieuses informations.
▸ **Si votre chien devient trop brusque** ou vous fait mal, c'est le signe qu'il est trop agité. Dans ce cas, stoppez le jeu et, la fois suivante, veillez à terminer tranquillement la séance avant que l'animal ne s'excite et devienne incontrôlable. Gardez à l'esprit que le jeu doit être un moment de plaisir et de détente.

À SAVOIR

La prudence s'impose

Tous les jouets éveillent l'instinct du chasseur du chien.
Les jouets émettant des couinements produisent un effet excessif. De nombreux chiens retrouvent alors cet instinct et peuvent réagir de manière exagérée lorsqu'ils entendent ces sons. Même si votre animal apprécie beaucoup ce genre de jouets, ne les utilisez pas à l'extérieur à cause des autres chiens.

Accepter une récompense

Accepter les récompenses implique deux problèmes principaux : certains chiens les acceptent difficilement et d'autres se comportent mal lorsque vous les récompensez. Si votre chien fait partie de la seconde catégorie, soyez logique : récompensez-le uniquement s'il se comporte correctement. En d'autres termes, s'il se met à sauter ou à vous bousculer, tenez la récompense contre vous, la main fermée. Ne dites rien et attendez qu'il ait au minimum les quatre pattes au sol. Donnez-lui alors la récompense afin qu'il comprenne le rapport de cause à effet. Si l'animal cherche avidement à attraper la friandise que vous lui présentez, vous devez absolument la garder dans la main. Si, par réflexe, vous laissez échapper une friandise lorsque le chien cherche à l'attraper, il apprendra que, pour réussir son entreprise, il doit mordre. Attendez que l'animal retente sa chance avec plus de précautions ou, dans le doute, donnez-lui la friandise lorsqu'il la lèche pour la goûter.

À chacun sa méthode

Si vous rencontrez des difficultés pour récompenser un chien, procédez avec méthode. En règle générale, un chien en bonne santé sans problèmes comportementaux manifestes apprécie, au moins chez vous, une friandise ou un jouet. Dans de rares cas, les problèmes sont liés à la race de l'animal.
Si le chien ne s'intéresse que très brièvement aux friandises, commencez par lui en proposer lorsque la situation s'y prête, par exemple avant de lui donner son dîner. Arrêtez-vous dès que l'animal manifeste beaucoup d'enthousiasme, ce qui peut être le cas dès le départ, après lui avoir proposé une seule friandise. À la suite de quoi, vous lui proposerez son dîner, composé d'une alimentation normale.
Laissez sa gamelle pendant 15 minutes, sans vous préoccuper de savoir s'il mange ou pas. Si le chien ne mange pas tout le contenu de sa gamelle, diminuez légèrement sa ration le lendemain. Répétez l'opération jusqu'à ce que l'animal mange son repas en 15 minutes. Vous pouvez alors augmenter sa ration. Néanmoins, assurez-vous qu'il finit là encore sa gamelle. Augmentez progressivement la quantité de friandises avant le repas, mais arrêtez immédiatement dès que le chien manifeste un grand enthousiasme.
S'il éprouve plus de plaisir, vous exercez ainsi sa capacité de concentration.

S'amuser ensemble

Il est tout à fait possible d'éveiller l'intérêt de nom-

Éveiller l'intérêt de l'animal

Gardez le jouet/la friandise sous clé.

Ne l'utilisez qu'à l'occasion d'exercices ciblés.

Terminez toujours les exercices avec des mots gentils si votre chien est très enthousiaste et aimerait beaucoup continuer.

Entraînez votre chien pour améliorer ses capacités de concentration.

breux chiens envers un jouet. Lorsque vous êtes chez vous, allez chercher un jouet, montrez-le à l'animal pendant un court instant (sans lui donner), puis rangez-le.

- **Le lendemain,** amusez-vous quelques instants avec le jouet, sans le donner au chien.
- **Le jour suivant,** le chien aura le droit d'avoir le jouet pendant quelques instants. Il est essentiel que cette séance ludique soit brève afin que l'animal soit toujours intéressé par le jouet.
- **Avec le temps,** votre chien sera de plus en plus intéressé par cet accessoire et voudra s'amuser plus longtemps.

Vous pourrez l'utiliser pour développer les capacités de concentration de l'animal.

À SAVOIR

Entraîner sa concentration

Montrez à l'animal une friandise ou un jouet que vous tiendrez contre vous au niveau de la poitrine. Si votre chien la/le regarde, donnez-la/le lui. Faites en sorte de toujours accroître la durée d'observation par l'animal. Commencez par vous éloigner d'un demi-pas, puis augmentez progressivement la distance. Si votre chien vous suit et vous regarde, récompensez-le. Répétez l'exercice dans des endroits différents, les premières fois sans éléments susceptibles de le déconcentrer, puis avec des sources de distraction.

Récompenser

À quoi votre chien réagit-il ?

Tout le monde sait que la compréhension des chiens ne se fonde pas sur les mots. Ils communiquent avec leur corps, des mimiques, des odeurs et des sons. Les chiens sont très attentifs au langage corporel de l'homme, mais ils l'interprètent à leur manière, ce qui peut entraîner des incompréhensions, par exemple lorsque vous caressez l'animal. Il arrive souvent que l'on caresse un chien sur la tête pour le complimenter. Cependant, l'animal considère ce geste plutôt comme une menace et sa réaction est généralement sans ambiguïté : il adopte une gestuelle destinée à apaiser la situation. L'animal cherche à se faire plus petit, se lèche le museau ou détourne la tête. En revanche, si vous caressez le chien sur le côté, au niveau du cou, il est beaucoup plus détendu.

Le langage corporel

Lors de l'éducation du chien, le langage corporel de l'homme n'est pas sans incidence : si vous êtes détendu, le chien le sera également. À l'inverse, l'animal peut considérer la raideur de votre posture comme une menace et il cherchera plutôt à prendre ses distances. De même, le fait de constamment saisir votre compagnon et de se pencher au-dessus de lui peut provoquer chez lui une certaine gêne, ce qui l'empêchera de bien se concentrer sur l'exercice. Lorsqu'un maître éduque son chien, ce dernier examine avec précision son langage corporel. Ainsi, nous pouvons croire que l'animal a appris la signification de l'ordre « Assis », alors qu'il a peut-être mémorisé des signaux complètement différents associés à cet ordre : il peut s'agir d'une situation, d'une posture ou d'un mouvement de la main, par exemple. Faites un test en vous plaçant devant un miroir. Croisez les bras et dites l'ordre. Votre chien vous jette un regard interrogateur, mais s'exécute aussitôt si vous lui montrez le signal habituel ? Il n'a pas encore saisi le sens du mot, même si vous pensiez que c'était déjà le cas !

Les signes de la main

Éduquer un chien en utilisant les signes de la main est généralement plus facile qu'avec les mots, car la compréhension de l'animal s'appuie en majeure partie sur le décryptage du langage corporel. Pour lui, la parole n'a aucun sens ; il s'y habitue comme nous le ferions pour une radio. Lorsque vous éduquez votre chien, évitez toute ambiguïté :

- **Dites son nom** et attendez d'avoir retenu son attention

Gestes et sons

Les signaux vocaux doivent être brefs et facilement reconnaissables.

Parlez d'une voix assurée et claire, tout en veillant à faire le moins de bruit possible.

Si votre chien ne réagit pas comme prévu, soyez attentif à votre langage corporel.

Un signe sans ambiguïté est facilement reconnaissable.

avant de donner le signal souhaité.

- **Si le chien est déjà attentif**, vous pouvez directement lui donner le signal.
- **Évitez les phrases complètes** ou des mots trop recherchés.
- **Parlez d'une voix nette et précise**, mais le plus bas possible. L'ouïe canine est en effet plus développée que la nôtre. Si vous « montez le son », il ne réagira pas à un ordre prononcé à voix basse car il ne pensera pas que vous lui parlez.
- **Le plus important** : donnez l'impression d'être confiant et convaincu. Ne vous demandez pas si votre chien va réagir : si votre voix trahit votre doute, vous obtiendrez de piètres résultats.

Un langage compréhensible

Afin de faciliter au maximum la tâche à votre compagnon, vous devez choisir avec soin les mots que vous emploierez comme signaux. En d'autres termes, vous devrez éviter les mots dont la prononciation se ressemble, d'autant plus si l'accentuation des syllabes suit un schéma identique. Par ailleurs, le chien pourrait avoir l'impression, à tort, qu'on lui parle si le mot sujet à caution est utilisé dans son environnement. Comment pourrait-il savoir que le mot « douteux » ne lui est pas adressé, mais qu'il est destiné à son voisin ? Pour des signaux particuliers, l'utilisation de mots d'une autre langue a fait ses preuves.

À SAVOIR

Les signaux sonores

Le chien est capable de distinguer des sons tels qu'un sifflement ou un « clic ». Ces sons nettement différenciés ne font pas partie de notre langage, si bien que l'animal peut facilement les reconnaître. En outre, nous utilisons de manière plus délibérée des sons à la place des mots. Autre avantage : un son ne trahit jamais d'émotion et sonne toujours de la même manière.

Offrir un second foyer à un chien

Si vous accueillez un chien adulte dans votre foyer, donnez-vous du temps pour apprendre à vous connaître. Votre nouveau compagnon doit s'habituer à sa nouvelle vie et a tout d'abord besoin de temps pour prendre confiance.

Si votre chien est stressé après être arrivé dans son nouveau foyer, il peut être réservé et agité, avoir des problèmes d'appétit ou ne pas avoir envie de jouer. C'est seulement après la première période d'acclimatation, qui dure environ 6 semaines, que la plupart des chiens se sentent plus chez eux. Néanmoins, il faut davantage de temps pour que l'animal se sente vraiment en sécurité. Toutefois, il se peut que la transition se passe en douceur. Ainsi, avec certains chiens, on peut avoir l'impression dès le premier jour que l'animal se sent bien dans sa nouvelle maison. Pendant la phase d'acclimatation, simplifiez-lui la vie : laissez-le tranquille lorsqu'il le souhaite. La prudence est de mise lorsque l'animal cherche constamment à s'imposer. Si vous lui cédez à chaque fois, cela peut provoquer une dépendance excessive ou lui donner l'impression de vous contrôler.

La confiance

Accordez-vous du temps pour qu'une confiance mutuelle s'instaure.

1 ▸ **Si vous observez constamment votre nouveau compagnon**, il peut se sentir menacé (voir ci-contre) car si vous fixez un chien du regard, ce dernier le prendra comme une menace. Il est souvent préférable de tourner la tête, ce qui est pour lui un signe d'apaisement. Vous lui indiquez ainsi que vos intentions sont amicales et que vous souhaitez établir une relation pacifique. Attirez-le vers vous pour vous occuper de lui, mais ne le forcez pas.

La confiance est le fruit de belles expériences communes et d'actions que le chien juge appréciables, sans punitions. Évitez autant que possible toute situation donnant l'impression à l'animal de se sentir menacé, comme le brosser ou le tenir contre vous. Avant de pouvoir le faire, vous devrez franchir de nombreuses étapes intermédiaires et récompenser l'animal. Si un incident agressif, même isolé, vient perturber la relation de confiance, il faudra faire beaucoup d'efforts pour la retrouver.

▸ **Commencez l'éducation** avec des exercices simples afin que votre nouveau compagnon se sente en sécurité pendant les séances. Développer ses capacités de concentration (voir page 19) constitue une bonne base. Proposez tout d'abord des exercices isolés et brefs dans une atmosphère détendue, pour éviter toute forme de pression. En effet, de nombreux chiens ont déjà connu plusieurs méthodes d'éducation et les craintes qui peuvent y être associées ; ils deviennent stressés s'ils ont seulement l'impression que l'on attend quelque chose d'eux.

2

▴ **De longues promenades détendent le chien.** Toutefois, il est plus sûr de l'attacher à une longue laisse pendant les premières promenades et de commencer l'éducation avec des exercices de rappel. Si le chien se dirige vers vous après votre appel et si vous avez déjà franchi les premières étapes de son éducation (et seulement si ces deux conditions sont réunies), vous pouvez envisager de détacher la laisse. Pour ce faire, choisissez un terrain dégagé sans trop de végétation afin de ne pas être surpris par les envies de chasse de votre compagnon. Un chien peut donner une impression différente selon qu'il est en laisse ou non. Un grand terrain clôturé constitue une bonne étape intermédiaire pour commencer à travailler avec le chien le rappel sans laisse.

L'éducation

Marcher au pied avec la laisse

Vous est-il déjà arrivé de devoir ralentir pour marcher au rythme d'une personne plus lente que vous ? Il n'est pas rare de trouver cela contraignant et difficile.
Le plus souvent, les chiens se déplacent plus vite que nous, si bien qu'ils doivent s'adapter au rythme de leur maître. Ils doivent marcher beaucoup plus lentement alors que leur instinct leur dicte souvent le contraire.

S'il tire sur la laisse

Quand un chien tire sur sa laisse, il se met aux avant-postes pour renifler un emplacement particulièrement apprécié ou rejoindre un camarade de jeu.
Le maître sait où le chien veut aller et le laisse faire « poliment ». Aussi peut-on dire que tirer sur la laisse est récompensé par la réalisation de l'objectif (aller renifler l'endroit si convoité). Toutefois, vous ne devez pas céder par politesse ; au contraire, soyez ferme pour que votre compagnon marche au pied avec la laisse.

▸ **Si votre chien souhaite partir renifler**, restez à distance de l'emplacement concerné, puis attendez. S'il cède, laissez-le y aller. S'il n'est plus intéressé, continuez votre promenade. Lorsque vous constatez que vous êtes trop proche d'un emplacement pour retenir l'animal jusqu'à ce qu'il cède, il est toujours préférable de poursuivre votre route. Si vous ne pouvez rien faire d'autre, donner rapidement un peu de mou à la laisse avant qu'elle ne se tende sera un moindre mal.
Lorsque vous vous promènerez ensemble, le chien aura désormais l'impression que marcher devant la laisse sera fatigant. Vous auriez alors tendance à continuer ainsi, souhaitant marcher à votre propre rythme sans interruption. Vous serez fatigué, comme le chien, à force de tirer sur la laisse. Par conséquent, ne suivez pas le rythme et veillez à ce que la laisse ne soit pas tendue. Plus vous marcherez lentement, plus la laisse se tendra. Si la situation empire, arrêtez-vous.
Avec certains chiens, il est préférable de rester sur place dès que la laisse commence à se tendre.

Soyez patient

Lorsque vous restez sur place, vous devez patienter jusqu'à ce que votre chien cède : peu importe s'il s'assoit, regarde autour de lui ou fasse un pas vers vous. Observez-le avec

Habituer l'animal à un harnais de tête

Tenez la partie du harnais allant sur le museau de manière à pouvoir appâter l'animal avec une friandise par l'ouverture. Répétez cette procédure pour habituer l'animal.

Placez rapidement le harnais et attachez la laisse.

Attirez votre chien sur quelques pas puis félicitez-le. Répétez l'opération sur des trajectoires courbes.

Augmentez progressivement la durée pendant laquelle le chien porte le harnais.

attention et reprenez la promenade lorsqu'il abandonne la partie. Chez les chiens fougueux, il peut être plus judicieux de toujours changer de direction lorsque la laisse se tend. Si le chien court dans la direction opposée, et ce, uniquement pour vous dépasser, continuez calmement à marcher dans la direction choisie et à votre rythme.
En règle générale, vous devez veiller à ne pas faire mal à l'animal avec le collier en tirant brutalement dessus. Dans la mesure du possible, retenez-le doucement et non rudement. Une indisposition constante, voire la douleur, sont préjudiciables au chien : elles lèsent non seulement son corps, mais perturbent également le processus d'apprentissage.

Félicitez le chien lorsqu'il marche tranquillement avec la laisse.

Besoin d'aide ?

Il existe heureusement des accessoires vous aidant à faire marcher le chien au pied avec une laisse, sans douleur et avec un effort minimal. On trouve notamment des harnais sur lesquels on attache la laisse à l'avant, sur le poitrail, et les harnais de tête. Pour ce dernier accessoire, vous devrez auparavant habituer l'animal à le porter pendant environ deux semaines avant de l'utiliser en promenade.
N'oubliez pas d'entraîner le chien à marcher au pied avec la laisse chaque jour avec son collier bien attaché ou son harnais de poitrine.
Si possible, utilisez exclusivement des harnais ou des colliers larges, confortables et ne serrant pas le cou de l'animal.

À SAVOIR

Bien récompenser le chien

N'oubliez pas de prêter attention à votre chien lorsqu'il marche correctement à vos côtés.
Son éducation sera plus rapide si vous le récompensez, chose que vous devrez faire à chaque fois qu'il ne tire pas sur la laisse.

ASSIS, COUCHÉ, DEBOUT

Une friandise appétissante vous aidera à apprendre au chien à s'asseoir, à se coucher et à se mettre debout. Dites uniquement l'ordre lorsque l'animal s'apprête à prendre la position souhaitée. Si vous le donnez à un mauvais moment, le chien aura du mal à associer clairement l'ordre et la position. Si par exemple, vous lui dites « Assis » quand il regarde un oiseau, il associera ce mot et l'oiseau.

Donnez la récompense au chien dès qu'il s'assoit.

ASSIS

Prenez la friandise dans la main et tenez-la de manière à ce que le chien puisse la sentir et la lécher, mais pas la manger.
D'un geste le plus calme possible, déplacez la friandise de son museau vers le dessus de sa tête afin que son museau vienne littéralement se coller à votre main. Le chien va alors s'asseoir pour être plus à l'aise et suivre la friandise des yeux. Dès que son arrière-train touche le sol, récompensez-le.
Si le chien part en arrière pendant l'exercice, tenez la friandise plus haut.
S'il saute, tenez-la plus bas et rapprochez votre main de son museau. Veillez à déplacer doucement votre main. Au moment où son arrière-train touche le sol, donnez-lui la friandise.

COUCHÉ

Vous pouvez enseigner cette position en partant de la position assise. Déplacez une friandise devant son museau vers le sol, la main étant assez proche de sa poitrine. L'animal doit constamment suivre votre mouvement. Pour éviter toute contorsion inutile, de nombreux chiens se couchent. Donnez-lui la friandise s'il s'exécute
▸ **Autre possibilité :** tenez la friandise devant le museau de l'animal et posez la main à plat sur le sol en cachant la friandise. Votre chien doit alors réfléchir à la manière d'y accéder. Il peut tenter de pousser légèrement votre main avec son museau ou de la gratter avec la patte. Ces tentatives resteront naturellement vaines. Vous devez uniquement lui donner la friandise lorsque l'animal se couche pour y accéder plus facilement.
▸ **Si ces deux variantes** ne rencontrent pas le succès escompté, aidez-le. Appâtez le chien avec une friandise placée sous une chaise ou

Récompensez votre chien s'il obéit à vos ordres sans difficultés.

une table. Le meuble doit être suffisamment bas pour que le chien se couche pour manger la friandise. Vous pouvez également vous asseoir sur le sol et tendre une jambe de manière à ce que l'animal se couche en dessous. Si vous adoptez cette méthode, il peut être nécessaire de récompenser d'abord l'animal lorsqu'il s'efforce de passer sous « l'obstacle ». En effet, il est confronté à une nouvelle situation gênante, et nombreux sont ceux qui abandonnent à ce stade. Si votre chien rampe sans difficulté sous l'obstacle, donnez-lui la friandise une fois qu'il est couché. Après avoir répété l'exercice à plusieurs reprises, le chien, même en l'absence d'obstacle, pensera que cela vaut la peine de se coucher.

DEBOUT

Vous pouvez également apprendre cet ordre à l'animal à partir de la position assise. Lorsque l'animal est sur son arrière-train, tenez une friandise devant son museau et éloignez lentement votre main en suivant une ligne parallèle au sol. Dès que le chien tend les pattes arrière pour se mettre debout, récompensez-le.

À SAVOIR

Un signe de la main

Prenez l'habitude d'utiliser différents signes pendant les exercices : mouvement vers le haut (assis), vers le bas (couché) et horizontal (debout).

Terminez chaque exercice avec un signal de fin (« Cours ! » par exemple) afin que l'animal ne s'arrête pas de lui-même.

S'arrêter et ne plus bouger

Si vous souhaitez que votre chien reste un certain temps dans une position donnée, vous devez le récompenser dès le départ pour l'inciter à ne pas bouger. Donnez-lui d'autres friandises uniquement lorsqu'il s'assoit, se couche ou se met debout. Si l'animal a tendance à rester en place uniquement pendant un court instant, préparez l'exercice en tenant plusieurs friandises dans la main. Par exemple, si vous laissez votre chien s'asseoir, tenez la friandise, main fermée, près de son museau et récompensez-le avec l'autre main, en lui donnant une friandise prise dans la première main. À la fin de l'exercice, veillez à garder au minimum une friandise dans la main fermée afin que le chien ne croie pas que l'exercice s'achève lorsque la réserve de friandises est épuisée.

S'éloigner

Au fil du temps, votre chien gagnera en assurance et restera de plus en plus longtemps dans la position souhaitée. Vous pouvez alors reproduire l'exercice en vous éloignant un peu plus de l'animal. Commencez par vous éloigner très légèrement (moins d'un pas) et récompensez le chien s'il reste en place. Éloignez-vous ensuite d'un demi-pas, d'un pas, puis de deux pas, etc. Toutefois, avant d'accroître un peu plus la distance vous séparant de l'animal, ce dernier ne doit pas s'être relevé lors de l'étape précédente. À chaque fois, revenez vers lui et récompensez-le.

- **Si vous vous êtes trompé une fois** et si le chien se lève trop tôt, ne vous agacez pas, ramenez calmement l'animal au point de départ et recommencez l'exercice. Toutefois rapprochez-vous de lui davantage qu'à la fois précédente, lorsque l'exercice n'a pas fonctionné. Récompensez le chien s'il reste en place.
- **Consolidez l'acquis** des étapes précédentes et rapprochez-vous prudemment de la distance critique. Si vos tentatives de mise à distance se soldent systématiquement par des échecs, le chien sera déconcerté. Rassurez-le en lui demandant des exercices qu'il réalisera avec certitude, et augmentez progressivement la difficulté.

Aidez votre chien s'il en a besoin.

Pour apprendre à votre chien à rester sur place, commencez en restant tout près de lui.

S'arrêter

▸ **Pour bien s'arrêter**, le chien doit apprendre que, dans ce cas, l'ordre « Assis », « Couché » ou « Debout » ne signifie pas qu'il doit prendre la position demandée en étant près de vous, mais là où il se trouve. Utilisez d'abord un seul ordre (« Assis », par exemple).

Attachez votre chien à un arbre et éloignez-vous comme dans l'exercice décrit précédemment. Un demi-pas suffit au départ. Demandez ensuite au chien de s'asseoir. S'il s'exécute, rejoignez-le et récompensez-le.

▸ **S'il vous regarde avec perplexité**, aidez-le en faisant le signe correspondant de la main. Lorsque vous reproduirez l'exercice, vous augmenterez progressivement la distance vous séparant de l'animal. Si le chien se lève, demandez-lui à nouveau de s'asseoir. Si cela ne fonctionne pas, faites le geste de la main pour l'aider et rapprochez-vous le cas échéant. Éloignez-vous à nouveau, mais sur une très courte distance. Puis, rejoignez-le et récompensez-le. Refaites l'exercice avec les éloignements précédents. Si l'animal est joyeux (au point d'être agité) lorsque vous revenez vers lui, ne bougez plus et attendez qu'il s'asseye. Ne le contraignez pas : il doit s'asseoir avant que vous reveniez.

À SAVOIR

S'arrêter sans laisse

Pour apprendre à votre chien à s'arrêter sans être tenu en laisse, commencez par des exercices pendant lesquels il se trouve près de vous ou vient vers vous l'air ennuyé. Demandez à votre chien de s'asseoir et dirigez-vous tranquillement vers lui. Vous facilitez ainsi l'apprentissage de cette action. Veillez à ce que l'animal ne soit pas intimidé.

AU PIED

Cet ordre s'avère très pratique dans de nombreuses situations lorsque vous vous promenez avec un chien en liberté : il restera près de vous, même s'il n'est pas tenu en laisse.

Lorsque vous vous déplacez en ville, il est plus intéressant de faire marcher votre chien sur votre droite (alors que de nombreuses épreuves de sport canin obligent à utiliser le côté gauche). Pour commencer, l'essentiel est de choisir un côté et de s'y tenir. En effet, si changer de côté en permanence désorientera l'animal. Vous pourrez ultérieurement utiliser le côté opposé pour lui apprendre un autre ordre.

Au départ, appâtez votre chien pour lui faire prendre la position souhaitée.

Pour commencer

Apprendre au chien à marcher au pied ne pose pas de difficultés majeures si vous l'appâtez avec une friandise. Placez-vous près de l'animal tenu en laisse, du côté choisi. Prenez une friandise dans la main, du même côté que le chien. Dans l'autre main, tenez la laisse avec relâchement devant vous. Placez la friandise devant le museau de l'animal et faites un pas. Récompensez le chien lorsqu'il vous suit.

▸ **Augmentez progressivement la distance parcourue**, tout en récompensant l'animal lorsqu'il vous suit bien. Faites attention de ne pas trop tirer sur la laisse sous peine de voir le chien se détourner, frustré, ce qui compliquera la suite de l'exercice.

▸ **Pour parcourir des distances plus longues**, il peut être judicieux de se munir de plusieurs friandises dans la main et de les donner l'une après l'autre. Si vous n'en avez qu'une seule et fouillez longuement votre sac pour en prendre une autre, le chien perdra vite le fil et aura l'impression que l'exercice se termine après lui avoir donné une friandise.

▸ **Ne lui donnez pas toutes les friandises que vous tenez dans la main**, car il penserait que l'exercice est achevé lorsqu'il ne reste plus aucune friandise. Arrêtez l'exercice avant d'en arriver là.

▸ **Si le chien réalise très bien l'exercice**, récompensez-le de manière appropriée. Veillez à ce qu'il se concentre plutôt sur vous. Il ne devra jamais être trop loin ou se détourner de vous. Vous devez donc tenir la friandise près de lui.

Pour poursuivre

Une fois que cet exercice devient routinier, vous pouvez envisager de supprimer la friandise. Lorsque vous commencez à marcher avec votre chien, levez légèrement la main tenant la friandise pendant un court instant, puis donnez-la-lui immédiatement s'il vous suit. Allongez progressivement la durée pendant laquelle vous tenez la friandise en l'air. Soyez néanmoins attentif : vous devez récompenser l'animal avant qu'il ne saute pour attraper la friandise. Cette étape de l'éducation doit permettre au chien de considérer votre bras plié comme un signal visuel lui indiquant qu'il doit marcher au pied.

▸ Chez de nombreux chiens, la méthode consistant à tenir la récompense, bras plié contre vous (et non de le garder levé de plus en plus longtemps), donne de meilleurs résultats. Si vous optez pour cette variante, essayez de voir si l'animal reste attentif lorsqu'il est au pied. Si c'est le cas, récompensez-le immédiatement. Augmentez progressivement la durée pendant laquelle le chien marche à vos côtés en restant concentré jusqu'à ce qu'il reçoive sa récompense. Cependant, n'oubliez pas de le récompenser systématiquement s'il marche sur de courtes distances.

Récompensez le chien s'il concentre son attention sur vous.

À SAVOIR

Faites preuve de patience

Au départ, il peut être judicieux de faire l'exercice à côté d'un mur, d'une clôture, etc. afin que le chien n'aille pas sur le côté. Résistez à la tentation de guider l'animal avec la laisse pour qu'il prenne la position désirée. Une traction brutale sur la laisse ne favorise pas la collaboration de l'animal. En outre, vous rencontrerez plus tard les pires difficultés pour reproduire l'exercice sans laisse.

Le chien, un animal glouton ?

La gloutonnerie de certains chiens peut certes faciliter les choses pour tout ce qui relève de la motivation, mais un chien très vorace est prêt à « tout risquer » pour une bouchée.

Du point de vue de l'animal, aucune raison ne peut l'empêcher de manger. Tout ce qu'il trouve est un petit plaisir qu'il va s'empresser de savourer. La recherche de nourriture est chez lui quelque chose de naturel. Pendant longtemps, dans le cadre de sa cohabitation avec l'homme, il s'est principalement nourri de ses restes et de petites proies. Le chien mangeait plutôt de manière fractionnée tout au long de la journée et ne trouvait pas de grosses portions dans son écuelle.

Si un chien est habitué à rechercher sa nourriture, des échecs et de mauvaises expériences ne le dissuaderont pas aussi vite. Manger est un acte gratifiant qui encourage la recherche de sa pitance. L'apprentissage fonctionne à chaque fois que l'animal est réceptif et non uniquement lorsque l'homme éduque son chien pour réaliser un exercice spécifique. Chaque expérience concluante, aussi insignifiante soit-elle, conforte l'animal et l'incite à continuer. Et qui se détournerait aussi vite de la nourriture ?

1 ◂ Si vous vous disputez avec votre chien pour de la nourriture qu'il a trouvée, le rapport de confiance est altéré et vous deviendrez son pire concurrent. De nombreux chiens « connaissent » même le temps dont ils disposent pour avaler leur bouchée avant l'arrivée de leur maître. Cette constante concurrence peut inciter le chien à avaler tout ce qu'il trouve sans discernement, avec le risque de manger quelque chose de vraiment indigeste, comme des mégots de cigarette.

2

◂ Pour briser ce cercle vicieux, vous devez envisager plusieurs options. Ne vous fâchez pas contre votre chien s'il a trouvé quelque chose à manger. Plus vous vous énerverez, plus cela deviendra important pour l'animal. Des gestes brusques inciteront également le chien à avaler quasiment par réflexe, sans réfléchir. En cas de doute, rapprochez-vous tranquillement, comme si vous l'aviez découvert accidentellement.
Si vous devez vraiment prendre ce que le chien a trouvé, agissez calmement. Amenez immédiatement l'animal hors de la « zone de danger » afin qu'il ne puisse pas de nouveau attraper l'objet dangereux. Divertissez-le à l'aide de quelques exercices et tâchez de lui faire oublier l'événement pendant un certain temps car le risque qu'il reparte chercher sa « prise » n'est pas exclu. Si la découverte du chien n'est pas dangereuse, entraînez-le plusieurs fois à donner sa prise. Au final, il devrait être le plus souvent possible autorisé à garder sa « proie ». Le fait que vous deviez vraiment la lui retirer n'est plus aussi important.

3

▸ Lors de vos promenades, mettez en place des exercices pour apprendre à votre chien à comprendre le NON.
Ces exercices seront sûrement concluants et le comportement de votre chien sera toujours plus fiable. Pour éviter toute gloutonnerie indésirable, il est essentiel d'être prévoyant.
Avant d'arriver à un emplacement critique, mettez-lui sa laisse. Occupez-le et récompensez-le s'il suit correctement sa route, car un bon comportement doit en valoir la peine !

NON

NON est un signal signifiant : « Tu peux abandonner tout de suite, tu feras forcément chou blanc ». Le principe semble simple. Toutefois, une éducation digne de ce nom suppose que vous consacriez du temps à cet exercice. Bien entendu, vous pouvez choisir un autre mot que NON et même choisir un signal sonore. Si c'est le cas, choisissez-en un qui ne soit utilisé au quotidien pour éviter toute confusion involontaire.

Hors d'atteinte

Pour le premier exercice, munissez-vous d'une bouchée de nourriture à l'apparence pas très flatteuse (un peu de pain sec, par exemple). Tenez votre chien en laisse. Placez le pain de manière à ce que l'animal puisse le voir et le sentir, mais pas l'atteindre. Au départ, une grande distance est préférable afin que le chien puisse clairement s'intéresser au morceau de pain tout en restant réceptif.

Un NON indique au chien que toutes ses manœuvres seront vaines.

Si vous commencez l'exercice en plaçant le pain trop près de lui, il peut devenir si agité qu'il ne pourra pas réfléchir correctement.

- **Dès que l'animal s'intéresse au pain**, dites NON une seule fois. Ensuite, restez silencieux. À cet instant, le signal ne signifie rien pour le chien. Aussi va-t-il essayer, en agitant les pattes, d'atteindre le morceau de pain par n'importe quel moyen. Vous devez alors absolument rester sur place : ne déroulez pas la laisse d'un seul centimètre et ne cédez pas un pouce de terrain.
- **Votre chien** doit avoir l'impression que tous ses efforts resteront vains et qu'il ne pourra absolument rien changer à la situation. À un moment, il cédera. Vous devez alors le récompenser immédiatement.
- **Répétez l'exercice plusieurs fois**. Si le chien n'est pas intéressé, changez le morceau de pain de place, mais ne lui demandez pas expressément d'aller le chercher. Au fil des séances, votre chien lâchera prise de plus en plus vite après avoir entendu le NON.

Lorsque votre chien abandonne, ne soyez pas vous-même distrait pour le récompenser.

▸ Entraînez votre animal dans divers endroits et, d'une fois sur l'autre, utilisez un aliment de plus en plus alléchant. Pendant vos promenades, utilisez d'abord des déchets trouvés au hasard ou un aliment appétissant, placé par vos soins au préalable, en l'absence de votre compagnon. Si vous vous sentez plus à l'aise lorsque le chien est en laisse, vous pouvez essayer de donner du mou, mais assurez-vous que la nourriture reste hors d'atteinte.

▸ Si cette méthode s'avère concluante, placez un aliment comestible sur le sol afin de pouvoir le pousser du pied en cas de besoin et, par conséquent, réaliser l'exercice sans laisse. N'hésitez pas à vous faire assister.

▸ Sur le chemin de la promenade, placez la nourriture sous une dalle de manière à ce qu'elle soit hors de portée de l'animal, puis exercez-vous sur place, également sans laisse. Plus vous ferez preuve d'imagination pour cet exercice, plus votre chien le réalisera de manière fiable.

À SAVOIR

Agir au bon moment

Lors de son éducation, le NON indique au chien que ses manœuvres se solderont par un échec. Ainsi, il réagira de mieux en mieux au signal. Soyez néanmoins attentif : cet exercice doit être uniquement réalisé lorsque le chien est disposé à faire quelque chose. S'il a déjà trouvé quelque chose à manger, ne dites pas le signal. Il est déjà trop tard et vous perdriez une grande part de votre crédibilité.

Donne

Apprendre à un chien à donner un objet sur votre ordre s'avère utile dans de nombreuses situations. Cela permet de jouer avec lui de manière détendue et de désamorcer les situations dans lesquelles le chien doit restituer un objet. Grâce à l'exercice suivant, votre chien obéira efficacement à cet ordre.

Des exercices basés sur l'échange constituent le fondement de cet exercice, évitant ainsi tout esprit de concurrence. Pour le réaliser, vous avez besoin d'un objet que le chien souhaiterait avoir, mais qu'il ne peut pas avaler ou mâcher tout de suite et d'une friandise qui l'intéressera tout autant.

Pour apprendre au chien à rendre un objet, il ne doit y avoir aucune forme de concurrence entre vous deux.

L'échange

Commencez par exemple avec un os à mâcher que vous donnez au chien.
Ayez également une friandise à portée de main. Tout d'abord, dites DONNE, puis, une seconde après, tenez la friandise sous son museau. Si cette dernière l'intéresse suffisamment, il lâchera l'os pour la manger. Laissez-le faire si c'est le cas. Ne prenez pas l'os et laissez le chien continuer à le mâcher. Répétez l'opération plusieurs fois de suite.
À la fin, le chien pourra garder l'os.
Si l'opération de restitution fonctionne, vous pouvez toucher l'os et, finalement, le prendre. Mais veillez à lui redonner par la suite. Si le chien accepte de donner un objet, utilisez-en un autre. Les os peuvent être toujours plus intéressants et vous pouvez même utiliser du pain sec. Lorsque vous parvenez à une étape avancée de l'éducation, des morceaux de viande congelée ou de la

nourriture pour chiens surgelée pourront faire l'affaire. Les morceaux devront être suffisamment gros afin que l'animal ne puisse pas les avaler ou les morceler rapidement. De même, vous devrez impérativement penser à utiliser des jouets. Plus vous serez à même de savoir quel objet utiliser pour le bon déroulement de l'exercice, mieux ce sera. À la fin des exercices, laissez le plus souvent possible le chien conserver l'objet désiré.
Si vous souhaitez réellement lui prendre quelque chose, cela n'a plus autant d'importance. Afin d'établir clairement un rapport avec le mot, il est essentiel que les friandises passent au second plan lorsque l'éducation de l'animal arrive à un stade avancé. Si vous avez au départ tenu la friandise devant son museau, vous devez changer d'approche et faire apparaître la récompense uniquement lorsque l'animal a réagi à votre ordre.

Trop futé ?

Si vous captez l'attention de votre chien en utilisant une friandise pour lui prendre un objet, il finira rapidement par ne plus tomber dans le panneau. L'animal apprendra finalement à savoir ce qui est plus important pour lui.
De même, dans ce genre de situations, certains chiens se lanceront dans des jeux de poursuite. En revanche, si vous mettez soigneusement en place les exercices d'échange, votre chien apprendra également à donner consciencieusement des objets intéressants.

Dites d'abord DONNE, puis récompensez le chien immédiatement.

À SAVOIR

Ne brûlez pas les étapes !

Résistez à la tentation d'utiliser le signal au quotidien si l'animal ne maîtrise pas encore les exercices trop difficiles pour lui. À chaque échec du chien, vous mettez en jeu la réussite de son éducation.

Le rappel

Un chien faisant demi-tour sans hésitation et revenant rapidement vers son maître sont les signes d'un bon rappel. C'est seulement dans ces conditions que vous pourrez rappeler votre chien, même s'il est susceptible d'être fortement distrait par l'environnement. Le principe fondamental du rappel est plus simple que sa mise en pratique : appelez uniquement votre chien si vous êtes sûr qu'il viendra.

Appelez votre chien lorsqu'il vient vers vous.

Une réaction enjouée

Le rappel ne signifie pas que le chien revient vers son maître le pas traînant et l'air ennuyé après avoir réfléchi quelques instants. Le rappel ne laisse aucune place à une prise de décision, il induit uniquement une réaction. Ne vous attardez pas sur le fait de savoir si votre chien va obéir, mais proposez-lui des exercices de manière à ce qu'il soit toujours heureux de revenir vers vous. Dans le cas contraire, il découvrira uniquement qu'il a la possibilité de faire un choix, même s'il se décide à agir pour vous dans une telle situation.

Définir les signaux

Quelques astuces permettent d'appliquer le principe de base au quotidien. À cette étape de son éducation, vous avez forcément, à un moment ou à un autre, appelé votre chien. Vous garderez l'ordre que vous employez déjà (il s'agit souvent de VIENS !) et auquel le chien ne répond pas forcément très bien. Afin que le rappel fonctionne correctement, vous pouvez ajouter l'ordre ICI ! et éventuellement un sifflement.

▸ **L'utilisation de trois signaux différents pour un rappel** peut sembler compliquée, mais cette méthode propose des solutions applicables au quotidien. En effet, vous serez toujours confronté à des situations dans lesquelles vous ne saurez pas si le rappel fonctionnera. Si vous utilisez votre signal ultime et échouez, le résultat sera mauvais. Dans de telles situations, utilisez donc votre mot « passe-partout ».

▸ **Si vous êtes sûr que le rappel fonctionnera**, utilisez l'ordre ICI. Si vous savez avec certitude que le chien vous rejoindra avec encore plus d'enthousiasme, utilisez un sifflet. Ainsi, cet accessoire bien pratique sera employé dans un cas très précis et donnera de bons résultats par la suite. Vous pouvez également dire ICI ! à votre animal si vous oubliez le sifflet.

Lorsque le chien manifeste autant d'enthousiasme, *utilisez en même temps un sifflement.*

ICI

Tout d'abord, votre chien doit savoir clairement ce que signifie cet ordre, à savoir courir rapidement et directement vers vous. Pour ce faire, proposez le plus souvent possible des situations dans lesquelles il associera précisément cette course avec l'ordre. Lorsque votre chien vous rejoint, dites ICI, puis récompensez-le.

À SAVOIR

En avant !

Ne donnez plus de récompense lorsque votre chien est de très bonne humeur et envoyez-le « promener ». Dites EN AVANT ! par exemple et ne vous occupez plus de lui. Ne le regardez même pas. Si l'animal s'éloigne uniquement à contrecœur, cela signifie que vous aurez choisi le bon moment. Son intérêt pour un nouvel exercice de rappel augmentera.

Assurez-vous qu'il apprécie vraiment sa récompense. De temps à autre, vous pouvez sautiller avec lui en manifestant votre joie et, comme par enchantement, faire apparaître un jouet ou une friandise. Alternez les récompenses pour ménager le suspense. Observez votre chien pour savoir s'il donne l'impression de s'ennuyer ou d'apprécier. Une récompense doit enthousiasmer le chien ; sinon, ce n'en est pas une.

ICI

Dans l'idéal, les exercices de rappel se déroulent à l'extérieur, sans tenir le chien en laisse.

▸ Lors d'une promenade, changez de direction et observez votre chien du coin de l'œil. Au moment où il s'apprête à courir pour vous rattraper, dites ICI ! et récompensez-le lorsqu'il arrive. Ne l'attendez jamais en vous demandant si cela va marcher. Au contraire, faites preuve d'assurance et ajoutez du suspens lors de cette séance de jeu. Par conséquent, montrez uniquement la récompense à l'animal lorsqu'il est arrivé ou tout près de vous. Si vous vous mettez à courir, alors que le chien court derrière vous, vous décuplez son plaisir. Vous pouvez alors mettre en place un véritable jeu qui plaira énormément aux chiens aimant se dépenser. Si votre chien court tout de suite après avoir récupéré sa récompense, changez une nouvelle fois de direction et éloignez-vous de lui. Répétez ICI ! lorsque l'animal s'apprête à vous rattraper. Pour de nombreux chiens, le fait de courir avec eux est une récompense en elle-même. Dans ce cas, une récompense supplémentaire n'est pas absolument nécessaire.

▸ Si le chien ne remarque pas votre changement de direction ou si vous pensez qu'il est trop loin de vous, vous pouvez attirer son attention en disant son nom. Dans tous les cas, dites uniquement ICI ! si le chien a déjà commencé à courir vers vous.

Si votre chien vous regarde, profitez de l'occasion pour l'appeler.

Variantes

Si l'exercice fonctionne bien et si l'animal y prend plaisir, reproduisez l'exercice en lui proposant de nouvelles situations.

▸ Appelez le chien lorsqu'il vous regarde. Vous pouvez également l'appeler lorsqu'il traîne de manière hésitante, mais dites d'abord son nom pour attirer son attention. Naturellement, vous pouvez uniquement le faire s'il réagit à son nom. Pour vraiment l'inciter à venir vous rejoindre, vous pouvez également vous « enfuir » après

Le chien apprend à associer la proximité de son maître à l'ordre ICI.

avoir l'appelé. Il viendra alors à coup sûr.

▸ **Si l'animal non tenu en laisse ne s'intéresse pas à vous**, commencez à faire des exercices chez vous avec la laisse. Munissez-vous de sa friandise ou de son jouet favori, montrez-le/la à l'animal et éloignez-vous de lui en reculant. Au moment où il s'apprête à vous suivre, dites ICI. Récompensez-le en lui donnant l'objet ou la friandise promise. Vérifiez que votre compagnon est vraiment enthousiaste et qu'il ne s'ennuie pas. En cas de doute, utilisez au départ ce qui est selon vous le plus intéressant pour lui. Répétez l'exercice tant que le chien y participe avec entrain et arrêtez-le de manière agréable lorsqu'il est au maximum de son enthousiasme. Si l'exercice se déroule très bien chez vous et rend votre chien très enjoué, réalisez-le à l'extérieur dans un lieu plus monotone. Petit à petit, vous pourrez introduire les éléments susceptibles de le déconcentrer.

▸ **Si vous vous exercez à l'extérieur** avec une longue laisse, veillez à ne pas donner de violentes secousses lorsque vous changez de direction. Modifiez plutôt votre trajectoire lorsque l'animal renifle, perdu dans ses pensées, afin qu'il remarque le changement de direction une fois qu'il lève les yeux. S'il court vous rejoindre de manière enjouée, dites ICI !, courez également et récompensez-le une fois qu'il est arrivé.

À SAVOIR

À faire à deux

Si vous êtes deux, vous pouvez, chez vous, apprendre à votre chien le rappel tout en vous amusant. Tandis qu'une personne retient l'animal, l'autre s'échappe dans une autre pièce, puis appelle le chien. S'il arrive comme l'éclair, ce dernier est naturellement récompensé comme il se doit, avec un jeu ou une friandise.

Rappeler un chien qui a des problèmes de comportement

Ici, le problème comportemental importe peu. Le fait est que le chien éprouve des émotions si fortes dans des situations critiques qu'il ne parvient pas à changer de comportement ou à réagir aux ordres.

1 ▲ Dans la mesure du possible, préparez soigneusement les promenades. Toutefois, faites en sorte que le chien ne ressente pas votre inquiétude, sous peine d'aller au-devant de problèmes. Soyez le plus détendu possible et restez neutre. Attachez toujours la laisse de manière précoce.

Si vous souhaitez remédier à un problème comportemental, vous devez tout d'abord en déterminer la cause et mettre en place un programme adapté. Ensuite seulement, vous pourrez vous attaquer au problème. Si l'animal obéit bien au rappel, même dans des situations problématiques, il bénéficiera d'une plus grande liberté. Si vous pouvez le rappeler, vous pouvez également le laisser se promener sans laisse. N'oubliez pas que la sécurité reste la priorité.

Avec la laisse

Les exercices se font d'abord avec une laisse courte, puis avec une longue. En effet, et notamment en présence du signal déclenchant le problème comportemental, vous devez vous assurer que votre chien réagira de manière fiable avant d'enlever la laisse.

Les difficultés

Pour les premiers exercices sans laisse, choisissez un environnement sécurisé. À chaque fois que le chien rencontre son problème de comportement, celui-ci s'inscrit encore plus fortement dans sa mémoire. En outre, si vous appelez vainement l'animal et si, par malchance, le chien vous a entendu, le signal de rappel peut même devenir le déclencheur du comportement dérangeant. Avant d'aborder une phase d'éducation ciblée, le chien doit avoir appris, dans une atmosphère détendue, à revenir vers son maître de manière fiable. Ce n'est que par la suite que vous pourrez introduire des éléments susceptibles de détourner son attention. Et dans ce cas, l'élément le plus marquant est justement le signal déclenchant le problème. Celui-ci doit être faible au point de ne provoquer aucune réaction chez l'animal. Pour minimiser l'effet du signal, vous pouvez par exemple éloigner le chien.

2

▲ **En une fraction de seconde,** appelez le chien après l'apparition du signal déclencheur. Récompensez-le de manière appuyée lorsqu'il vient vers vous. Observez-le pour savoir s'il manifeste son enthousiasme habituel, car il y a toujours un risque que l'animal associe une tension avec le rappel ou vous-même ! Dans ce cas, vous ne feriez que raviver les problèmes. En revanche, si le signal reste faible et si le chien a manifesté sa joie habituelle, vous êtes sur la bonne voie. Vous pourrez alors, avec beaucoup de précaution, augmenter l'intensité du signal déclencheur au cours des nombreux exercices d'entraînement, mais uniquement si l'animal est heureux de le faire ! Au quotidien, pensez également à appeler votre chien avec le signal ICI, qui fonctionne bien désormais si le chien est capable d'ignorer les distractions qui se présentent.
Le chien ci-dessus apprend l'ordre ICI alors qu'un petit tracteur tond la pelouse à proximité. Le tracteur est néanmoins suffisamment éloigné pour ne pas gêner l'animal, qui obéit calmement.

Au quotidien

Les promenades

Imaginez un homme et son chien marchant tous les deux, perdus dans leurs pensées, dans un paysage idyllique... Savoir si (et quand) cette vision de rêve peut se réaliser dépend non seulement de vous, mais également de votre compagnon. Certes, nous pouvons supposer que l'animal ne fait rien que son maître n'apprécie pas ou qu'il revient spontanément vers lui lorsqu'il le rappelle, mais, en réalité, de nombreux chiens nous détromperaient. Car ils ont tant de choses intéressantes à voir à l'extérieur !

Les animaux particulièrement actifs trouvent toujours quelque chose de passionnant à faire. Et pourquoi ne pas fouiller dans le tas de fumier de l'agriculteur voisin ? Quelqu'un a-t-il une objection au fait de courir derrière un chevreuil ? Les hommes ont toujours leur idée sur ces questions, mais du point de vue du chien, il en est tout autrement. Il estime qu'il ne fait rien de mal. Au contraire, tous ces « états de fait » sont gratifiants par le plaisir qu'ils procurent à l'animal.

Observez votre chien avant qu'il ne commence à se distraire seul.

C'est uniquement lorsque l'homme s'en mêle pour empêcher son compagnon de profiter de sa prochaine « distraction » que le chien peut voir en lui un partenaire moins digne de confiance. L'animal essaiera toujours d'échapper à ce genre de perturbations.

S'amuser

Il convient plutôt d'aborder cette question dans l'autre sens. Faites en sorte que les promenades avec votre chien deviennent de belles expériences. Votre compagnon doit s'amuser avec vous lorsque vous êtes tous les deux de sortie ! Et ici, la récompense, c'est d'être ensemble. Naturellement, il est intéressant de regarder un chien jouer, et il doit en avoir la possibilité, mais il doit également avoir régulièrement l'occasion de considérer la compagnie de l'homme comme une expérience très gratifiante. Ce que vous ferez dépend de vos préférences et de celles de votre chien : exercices d'adresse, jeux les plus variés, entraînement à la reconnaissance de signaux, etc.

Gérer ses initiatives

Avant de prendre de mauvaises habitudes, il n'est pas rare qu'un chien ait été plus sage dans le passé. Mais si vous vous contentez de le promener avec ennui, il prendra petit à petit des initiatives : il trouvera que chasser ou fouiller un tas de compost sont des passe-temps appropriés. De nombreux maîtres ne partagent malheureusement pas le même enthousiasme et, souvent, les chiens leur jettent un regard interrogateur ou viennent vers eux. Mais si le maître ne réagit jamais, le chien trouve autre chose pour s'occuper. Aussi devez-vous récompenser votre chien lorsqu'il vous regarde. Ce faisant, vous favorisez son « recentrage » sur vous. Il est bien plus facile de contrôler un chien intéressé par son maître qu'un autre derrière lequel il faut toujours courir.

À SAVOIR

Être ensemble

À l'extérieur, faites toujours attention à votre chien et soyez attentif. Vous vous promenez ensemble : ce n'est pas « chacun pour soi ».

Félicitez et récompensez votre chien lorsqu'il vous regarde.

Renforcer son attention

Incitez votre chien à vous regarder. Pour commencer, exercez-vous après avoir attaché l'animal avec une laisse courte. Pour cet exercice, restez sur place et attendez qu'il tourne la tête et vous regarde. À cet instant, félicitez-le et récompensez-le. Faites ensuite quelques pas. Arrêtez-vous et refaites l'exercice, puis répétez cette séquence à plusieurs reprises. Avec le temps, le chien mettra moins de temps à vous regarder. Par la suite, ne restez pas statique lors de l'exercice ; tout en vous déplaçant, récompensez le chien lorsqu'il vous regarde.
Poursuivez l'exercice avec une laisse plus longue, puis en introduisant progressivement les distractions.
À chaque fois que vous proposez une nouveauté, vous devez reprendre une position statique jusqu'à ce que le chien vous regarde.

Des exercices, encore et toujours

Lorsque votre chien réagit toujours à vos signaux, vous devez envisager de réaliser des exercices à des moments de la journée et dans des environnements différents. Si l'on y regarde de plus près, le quotidien se compose d'une série de distractions : partout, des bruits, des odeurs, des objets, des mouvements, des animaux et des hommes se succèdent, avec les combinaisons et les effets les plus variés.
L'animal doit apprendre, étape après étape, à obéir aux signaux en dépit des facteurs environnementaux susceptibles de détourner son attention. Dans la vie quotidienne, vous pouvez uniquement exiger de lui ce qu'il maîtrise déjà de manière sûre.
Si vous lui transmettez des signaux de manière répétée alors que le chien est incapable, à cet instant, d'exécuter l'action correspondante, vous compromettez la réussite de son éducation ou pouvez même voir vos efforts réduits à néant. Par exemple, si vous dites souvent, en vain, ICI ! lorsque votre chien court vers l'un de ses congénères, l'animal peut très bien penser que cet ordre signifie « Vas jouer » lorsqu'il voit d'autres chiens. Par conséquent, réfléchissez bien au signal que vous transmettez au chien, et dans quelle situation vous allez l'utiliser. En cas de doute, attachez-le avec la laisse de manière précoce.

Les signaux doivent être régulièrement consolidés.

En laisse

Lorsque le chien est tenu en laisse, il est en général plus facile d'attirer son attention. Une fois votre compagnon attaché, profitez de l'occasion pour réaliser des exercices. Ne le laissez pas toujours livré à lui-même, car cela l'incitera à s'occuper seul. La laisse l'empêche uniquement de trop s'éloigner. Cet effet disparaît lorsque vous détachez la laisse.
Si votre chien est trop distrait pour s'exercer, essayez au moins de focaliser son attention sur vous de temps à autre. Vous pouvez alors l'appâter avec un jouet ou de la nourriture.

Les distractions

Au quotidien, on peut facilement donner un signal quelconque sans tenir compte des distractions extérieures ou sans accompagner le déroulement de l'exercice. Cela peut se produire fréquemment, notamment si vous discutez avec une autre personne ou parlez au téléphone. Cette distraction amène le chien à apprendre que, dans ces

Adaptez l'intensité des perturbations au niveau d'éducation de l'animal.

situations, il peut s'occuper tout seul et que les signaux n'ont aucune signification. Cet aspect du comportement canin n'a donc rien à voir avec de l'insoumission.

Des exercices fréquents

Dans l'idéal, vous proposerez le plus souvent possible des exercices brefs au chien. Cette approche s'avérera très fructueuse si vous parvenez à deviner quel exercice est le mieux adapté au moment choisi. Une lutte permanente contre l'animal viendrait gâcher les efforts que vous aurez consacrés à son éducation. Assurez-vous que l'animal n'est pas ennuyé par d'incessantes répétitions ; il doit toujours manifester de l'enthousiasme. Terminez l'exercice de manière agréable, lorsque vous obtenez les meilleurs résultats. Veillez également à terminer chaque séance à l'aide du signal adéquat avant que votre chien ne parte de lui-même. Plus votre compagnon aura de plaisir et sera concentré, plus il pourra et voudra s'exercer longtemps.

À SAVOIR

Soyez attentif

Observez votre chien du coin de l'œil lorsque vous vous trouvez au beau milieu d'une conversation. Si vous lui avez donné un ordre, assurez-vous qu'il l'exécute. Si vous ne pouvez pas lui accorder une attention suffisante, tenez-le en laisse.
Vous pouvez proposer des exercices ciblés en choisissant des situations qui, en règle générale, détournent votre attention. Appliquez ce principe pendant une promenade : vous pouvez, par exemple, faire mine de lacer vos chaussures ou de fouiller dans votre porte-monnaie. Observez discrètement votre chien : s'il vous regarde, félicitez-le et récompensez-le.

Les incidents

Il n'est pas rare que la vie quotidienne dissuade le chien d'obéir à son maître, notamment lorsque ce dernier souhaite le faire venir à lui ou lui attacher la laisse. L'une des erreurs les plus fréquentes consiste à appeler uniquement l'animal pour le mettre en laisse. Le chien connaîtra vite la suite, synonyme d'ennui et de retour à la maison. Avec le temps, l'animal verra clair dans votre jeu et cherchera à écourter l'expérience en ne venant plus du tout. Prenez vos précautions et appelez souvent votre compagnon pour passer un moment agréable, puis renvoyez-le. De temps à autre, vous pouvez le mettre en laisse et lui proposer un jeu passionnant ou son exercice préféré. Cette association permet à l'animal de considérer la laisse de façon positive.

Attention aux clés et aux sacs !

Attention au superflu

Si vous n'y prenez pas garde, attacher un chien en laisse peut tourner au drame. Supposons que vous êtes totalement concentré sur le crochet de la laisse, que vous souhaitez accrocher à l'œillet du collier. Le chien, lui, se trouve dans une position inconfortable qui peut même lui donner l'impression d'être menacé. En outre, vous pouvez avoir tendance à attraper l'animal de manière soudaine avant qu'il ne s'échappe. Le chien peut être effrayé et vous pourriez lui faire mal par mégarde. Ces expériences inciteront donc l'animal à éviter ce moment désagréable. Les sacs qui peuvent glisser et les petits objets qui se balancent dangereusement, comme les trousseaux de clés, mousquetons et autres gros pendentifs, constituent un risque non négligeable. Même si vous vous donnez beaucoup de peine pour éduquer votre chien de manière positive, il n'empêche : si l'animal est exposé à ce genre de « punitions » imprévisibles, il cherchera à les éviter. Ce n'est naturellement pas ce que vous souhaitez, mais si vous demandez à votre chien de s'asseoir et si votre sac lui tombe dessus, il aura l'impression d'être puni.

▸ **Les animaux sensibles sur le plan physique** réagissent de manière marquée à ces petits incidents. D'autres chiens sont extrêmement sensibles à notre langage corporel, qui peut être menaçant, le plus souvent à notre insu, si bien qu'ils peuvent chercher à nous éviter. Généralement, le chien n'apprécie guère une caresse bien intentionnée sur la tête ou une tape amicale. Si l'on ajoute

Si vous attrapez le collier par en dessous, le chien reste détendu.

à cela la sensibilité corporelle, vous comprendrez que vous devez être prudent pour attacher l'animal.

Le chien vous évite ?

Les chiens qui ont déjà été attrapés par le collier pour être punis auront tendance à vous éviter lorsque vous tenterez de les saisir. En effet, l'animal aura retenu de ces tristes expériences qu'il peut être dangereux d'être attrapé de la sorte. La situation est encore plus fâcheuse si vous ordonnez au chien de se laisser attraper car, dans ce cas, le chien est puni pour avoir obéi.

▸ **Si l'animal a tendance à se rapprocher de vous avec prudence**, vous devez vous interroger sur les causes d'un tel comportement. Passez en revue les déclencheurs éventuels. Lorsque vous l'appelez, lui faites faire des exercices et le mettez en laisse, soyez détendu, tenez-vous droit ou accroupissez-vous. En outre, en détournant occasionnellement le regard, vous lui donnerez l'impression d'être plus amical.

À SAVOIR

De la tranquillité

Lorsque vous souhaitez mettre votre chien en laisse, vous devez tout d'abord être calme. Attrapez-le prudemment par en dessous, au niveau de son collier. Une fois le chien attaché, vous devez immédiatement lui changer les idées en lui proposant quelque chose qu'il apprécie particulièrement, un jeu ou une friandise appétissante, par exemple. Vérifiez également que le collier ou le harnais est correctement fixé et que rien ne peut se glisser entre cet accessoire et la peau de l'animal pour éviter les frottements et les coupures.

Renforcer l'obéissance au signal ICI

Une éducation constante, mais passionnante, vous permettra de donner de bonnes bases à votre compagnon. Vous pourrez ainsi l'appeler plus souvent et il reviendra vers vous avec toujours plus d'entrain.

Renvoyer votre chien

Si vous avez d'abord associé le rappel à l'ordre ICI, vous allez introduire un nouvel exercice. Si le chien vient vers vous par lui-même, félicitez-le brièvement et renvoyez-le en disant EN AVANT.

Si votre chien réagit à son nom, appelez-le en disant ICI.

S'il s'éloigne de quelques mètres, appelez-le et récompensez-le de manière appuyée lorsqu'il revient vers vous. Lors d'une étape ultérieure de son éducation, vous pourrez même l'ignorer s'il vient vous retrouver sans y avoir été invité.

Au moment où il s'en va, l'air résigné, appelez-le. Il ne manquera pas de manifester sa joie.

Choisir le bon moment

Pour commencer, appelez l'animal lorsqu'il court devant vous. Par mesure de sécurité, parlez-lui en disant son nom. Procédez ainsi si vous n'êtes pas sûr de sa réaction. En cas d'erreur d'évaluation, vous avez deux possibilités : soit l'animal n'a pas compris que vous l'appeliez, soit vous réussissez à le faire venir de quelque façon que ce soit, par exemple en vous enfuyant. Après une telle mésaventure, vous devez systématiquement consolider le rappel avec les exercices qui fonctionneront mieux avec votre chien. Plus ces mésaventures sont rares, plus cela est naturel. Pensez à vous enfuir pour inciter le

chien à venir, notamment dans les situations difficiles ou si le chien ne réagit pas immédiatement.
Essayez d'évaluer toujours plus de situations dans lesquelles le chien réagira au rappel. Procédez par tâtonnements pour tous les éléments susceptibles de détourner son attention (devant et derrière lui). Appelez-le lorsqu'il vient de terminer une activité intéressante, comme saluer l'un de ses congénères ou aller renifler un lieu précis. En revanche, il est plus difficile d'évaluer les moments où l'animal est sur le point de commencer quelque chose d'intéressant. Lorsqu'il aperçoit un autre chien, appelez-le s'il est encore suffisamment éloigné, félicitez-le et renvoyez-le pour qu'il profite de cette rencontre si désirée. Les situations les plus complexes sont celles dans lesquelles l'animal est occupé à faire quelque chose d'important. Il s'agit ici de trouver le bon moment, lorsque le chien est disponible.

Ce chien a grand plaisir à rejoindre sa maîtresse !

À SAVOIR

Des moments passionnants

Lorsque vous appelez votre chien, vous pouvez gagner en crédibilité en lui montrant quelque chose d'important à ses yeux. Si votre animal aime beaucoup creuser, récompensez-le en lui montrant un superbe emplacement où il pourra fouiller à sa guise. Vous voyez au loin un camarade de jeu ? Appelez votre chien et allez tous les deux à sa rencontre.

Un chien bien éduqué

Au fil du temps, votre chien semblera très obéissant aux yeux d'une personne extérieure, même si vous avez l'impression de l'appeler uniquement lorsque vous êtes sûr de sa venue. l'absence de toute lutte de pouvoir et la spontanéité de la démarche sont justement les gages d'un rappel efficace. Les situations dans lesquelles le chien manifestera son obéissance seront toujours plus fréquentes.
À un moment ou à un autre, vous remarquerez que vous ne douterez quasiment plus de l'obéissance de votre compagnon, pour qui le signal de rappel deviendra une habitude. Finalement, il ne réfléchira plus : il viendra, tout simplement.

Les changements de vie et de comportement

Le comportement de votre compagnon évolue pendant les différentes phases de sa vie. Les chiots bien socialisés ne cachent pas leur enthousiasme pour faire des exercices avec leur maître.
Au départ, les premiers signaux donnent d'excellents résultats, si bien que le niveau d'exigence augmente souvent trop vite et les récompenses disparaissent. Néanmoins, dès l'âge de 4 mois, les chiens gagnent en indépendance et les négligences affectant le maintien de cet enthousiasme peuvent se faire sentir.
Lorsque l'animal atteint le stade de la puberté (entre 6 et 12 mois selon la race), le jeune chien se mue en « voyou » intrépide, pour qui ses congénères jouent un rôle crucial.
De nombreux chiens commencent à réellement différencier le connu de l'inconnu et à s'intéresser à la chasse. Toutes ces modifications occupent beaucoup l'animal : il est distrait plus rapidement que d'habitude, ce qui plonge de nombreux maîtres dans le doute. Toutefois, ne laissez pas le développement de votre compagnon infléchir votre conduite ; pendant cette phase, vous devez toujours montrer que vous êtes le chef. Continuez à l'encourager et à le féliciter à chaque étape de son éducation pour contrôler son degré de distraction.

Les phases de la vie du chien

Chiot : les trois premiers mois (quatre au maximum) de sa vie.

Juvénile : entre la période précédente et la puberté.

Jeunes chiens adultes : à partir de la puberté jusqu'à l'âge de 6 à 12 mois environ.

Chiens adultes : chiens ayant acquis la maturité sociale, âgés d'un an et demi à 3 ans, selon la race.

Vieux chiens : à partir de 8 ans environ.

Votre chien souffre-t-il ?

Votre chien est-il plus calme que d'habitude, plus craintif, légèrement irritable ou même agressif ? Il convient alors d'envisager un problème physique. Il peut s'agir d'une contracture musculaire douloureuse, de problèmes articulaires ou d'un autre processus désagréable ou douloureux. L'absence de plainte ou de paralysie ne signifie pas toujours que l'animal se porte bien. Chez de nombreux chiens, on ne remarque aucun signe particulier indiquant la présence d'un problème. Rapidement, on met ces troubles sur le compte de l'insoumission et les animaux concernés sont considérés comme des chiens à problèmes.

Le stress

D'autres facteurs de stress peuvent influencer le comportement du chien. Il peut s'agir de modifications de son environnement ou de son quotidien. Le stress de son maître

Les chiens âgés ont aussi beaucoup de charme.

exerce également un effet négatif sur l'animal. Passez en revue ses conditions de vie et tentez de satisfaire ses besoins en lui faisant faire de l'exercice, en le divertissant et en favorisant les opportunités de contact social.

L'âge

Les processus de vieillissement peuvent se présenter sous diverses formes.
De nombreux maîtres ne les remarquent pas car ils s'habituent progressivement aux modifications de l'état de santé de l'animal. En outre, il est difficile de s'imaginer que les capacités de réflexion de votre compagnon puissent diminuer. En général, les modifications du comportement liées au vieillissement commencent à apparaître vers l'âge de 8 ans.
La sénilité se développe en quelques années seulement et les capacités auditives, visuelles ou olfactives du chien peuvent également décliner. Il peut alors réagir moins efficacement aux signaux ; des problèmes ou de mauvaises habitudes, anciennes ou nouvelles, peuvent se manifester.
Faites preuve de patience avec un chien âgé. Maintenez son esprit vif chaque jour et faites contrôler régulièrement son état de santé.
Ne vous énervez pas, mais tâchez de passer de bons moments avec lui.

À SAVOIR

La routine

Lorsque votre chien est bien éduqué, il n'est pas rare d'être un peu plus négligent et de se demander à quel moment les signaux appris au prix de tant d'efforts fonctionneront moins bien.
Rafraîchissez la mémoire de votre compagnon en refaisant des exercices.
Profitez de l'occasion pour repérer les modifications que vous y apportez.

Lorsque votre chien en rencontre un autre...

Les promenades avec votre compagnon vous donnent régulièrement l'occasion de rencontrer d'autres chiens. Le bon déroulement de ces rencontres dépend du niveau de socialisation du chien et de la considération de son maître.

Si une personne accompagnée d'un chien non tenu en laisse vient à votre rencontre de manière détendue, laissez votre chien courir s'il est dans de bonnes dispositions. Si l'autre chien est tenu en laisse, attachez également le vôtre. L'autre chien a peut-être des problèmes avec ses congénères ou est peut-être malade. De nombreux chiens souffrent de leurs articulations, si bien que chaque invitation au jeu peut tourner au cauchemar. Plus tard, vous pourrez toujours décider si une rencontre avec un autre chien est souhaitable.

1 ◂ **Si votre animal va à la rencontre d'autres chiens** en étant stressé, cela peut avoir l'effet d'une menace. Le doute et la tension augmentent de chaque côté, ce qui peut créer des problèmes. Si la laisse de votre compagnon est trop tendue, cela ne peut qu'aggraver la situation. Vous devez alors être prévoyant : lorsqu'un chien vient à votre rencontre, attirez l'attention de votre animal avec une friandise tout en lui faisant tourner la tête. Plus tard, récompensez-le s'il tourne la tête de lui-même. En effet, ce geste est un signe d'apaisement qui détend les deux chiens. Le golden retriever ci-contre réagit avec apaisement au contact de l'autre chien, plus tendu.

Poursuivre sa route

Lorsque des chiens se rencontrent, le meilleur moyen de désamorcer une situation tendue consiste à poursuivre votre route rapidement et de manière décontractée. N'appelez pas votre chien car vous pourriez instaurer une situation inappropriée de socialisation. Si vous restez sur place à attendre, vous pourriez favoriser le début d'une bagarre. Si les chiens en arrivent à cette extrémité, les deux propriétaires doivent s'éloigner l'un de l'autre dans des directions opposées ; il s'agit de la méthode la plus facile pour mettre un terme au combat.

2 ▲ **Si des chiens se mettent à jouer,** veillez à ce que ce jeu reste un plaisir pour tous sur la durée. Il se peut que le style de jeu de l'un ne convienne pas à l'autre. Le chien plus « rude » doit donc être éloigné. En cas de doute, faites un test : observez si le chien « sauvé » veut rejouer immédiatement avec le « rustre ». En revanche, si le chien est soulagé, il est préférable de mettre un terme à la rencontre.

Si les deux chiens présentent de grandes différences de taille, il est plus sûr d'éloigner calmement le « gros » du « petit », sans faire de commentaire. Cette option n'est possible que lorsque les deux propriétaires sont en mesure d'appeler leur animal.

En cas de problèmes

Si votre chien déclenche régulièrement des bagarres, demandez l'avis d'un spécialiste pour en avoir le cœur net. Les chiens ne peuvent pas régler tous les problèmes eux-mêmes. Pour un chien, se faire attaquer, se prendre des coups et être mordu par l'un de ses congénères est une expérience traumatisante. Les rencontres fortuites ne sont pas comparables à des contacts avec des chiens connus. Dans le cas d'une rencontre occasionnelle, les chiens n'ont que le temps de faire une première estimation de la situation. Un chien qui en brime un autre immédiatement ne dispose pas des capacités de socialisation nécessaires pour donner à la rencontre un ton amical et courtois. Chaque propriétaire doit avoir à cœur de protéger les autres chiens. C'est particulièrement le cas avec les groupes de plus de deux animaux : dans une telle situation, un chien est rapidement désigné comme la victime. Tous les maîtres doivent alors appeler les animaux qui lui tournent autour ou lui courent après, car la victime ne peut rien changer à la situation.

Coin infos

Réalisation

▸ **L'auteur** Karina Mahnke est vétérinaire spécialisée en thérapie comportementale. Elle participe à des séminaires et à des conférences destinés à former les vétérinaires, assistants vétérinaires, éducateurs canins et propriétaires de chiens (formation de base et formation continue). Avec Celina del Amo, elle est à la tête d'un cabinet qui traite exclusivement les problèmes comportementaux. Elle est également associée de la « Hundeschule Knochenarbeit », un établissement spécialisé dans l'éducation canine.

Crédits photographiques

Bildagentur Waldhäusl/Panthermedia : dos de la couverture, à gauche, 46/47
Bildagentur Waldhäusl/Panthermedia/Daniel Hohlfeld : dos de la couverture, à droite
Czolgoczewski, Martina : haut page 35
Hempfling, Annette : pages 2/3, 11, 14, 17, 21, 30, 40, 55, 58, 59
ImagePoint : couverture
JUNIORS/Juniors Tierbildarchiv : pages 22, 24/25, 64
Klein, J.L. & Hubert, M.L. : page 34
Kothe Dieter : pages 7, 8, 9, 10, 13, 15, 16, 19, 23, 27, 31, 36, 37, 38, 39, 42, 48, 49, 51, 65
Mahnke Karina : pages 4/5, 28, 29, 32, 33, bas page 35, 43, 44, 45, 52, 53, 54, 57
Schmidt-Röger, Heike : page 50
Streitferd, Horst : page 41

L'édition originale de ce titre a été publiée
en allemand sous le titre
« Grundschule für Hunde »,

Traduit de l'allemand par : Frédéric Magnant
(Carpe Sensum).

24, rue de Mogador
75009 Paris
Tél. : 01 48 05 03 03
Fax : 01 48 05 02 04
www.editions-ulmer.fr

Réalisation : Bénédicte Dumont
Suivi éditorial : Raphaèle Dorniol
Impression : Alcione, Trento
Printed in Italy

Dépôt légal : juillet 2017

ISBN : 978-2-84138-957-5
N° d'édition : 957-02

Responsabilité

L'auteur et l'éditeur se sont efforcés d'apporter les informations les plus fiables possibles. Des erreurs ne peuvent toutefois être totalement exclues. Aucune garantie quant à l'exactitude des informations ne peut donc être donnée. Leur responsabilité pour les dommages éventuels qui pourraient en résulter ne pourra être juridiquement invoquée.

Index

D'autres ouvrages aux éditions Ulmer

ÉDUQUER SON CHIEN AU CLIQUEUR

M. Sinner

64 pages
ISBN 978-2-84138-314-6
7,90 €

COMPRENDRE CE QUE DIT VOTRE CHIEN

Dr. F. Ohl

64 pages
ISBN 978-2-84138-315-3
7,90 €

BIEN ÉDUQUER SON CHIEN
Avec les méthodes d'éducation positive

Dr. M. Jeanmart

160 pages
ISBN 978-2-84138-867-7
16,90 €

conseils et astuces

De nombreux facteurs peuvent expliquer la « désobéissance » d'un chien.

Tu transmets avec ton corps des signaux différents de ta voix, ce qui trouble peut-être ton animal. Tu peux, par exemple, demander au chien de se lever et bouger en même temps ta main vers le haut, et ton chien peut croire que ce mouvement de la main signifie qu'il doit s'asseoir. Tu dois donc apprendre à connaître les réactions de ton compagnon.